π

100,000 Digits of Pi

(How Many Can You Remember?)

A Novelty Maths Book

First paperback edition July 2020

Book design by Heather Anderson

3.

14159265358979

3238462643383279502884197169399375
1058209749445923078164062862089986
2803482534211706798214808651328230
6647093844609550582231725359408128
4811174502841027019385211055596446
2294895493038196442881097566593344
6128475648233786783165271201909145
6485669234603486104543266482133936
0726024914127372458700660631558817
4881520920962829254091715364367892
5903600113305305488204665213841469
5194151160943305727036575959195309
2186117381932611793105118548074462
3799627495673518857527248912279381
8301194912983367336244065664308602
1394946395224737190702179860943702
7705392171762931767523846748184676
6940513200056812714526356082778577
1342757789609173637178721468440901
2249534301465495853710507922796892

5892354201995611212902196086403441
8159813629774771309960518707211349
9999983729780499510597317328160963
1859502445945534690830264252230825
3344685035261931188171010003137838
7528865875332083814206171776691473
0359825349042875546873115956286388
2353787593751957781857780532171226
8066130019278766111959092164201989
3809525720106548586327886593615338
1827968230301952035301852968995773
6225994138912497217752834791315155
7485724245415069595082953311686172
7855889075098381754637464939319255
0604009277016711390098488240128583
6160356370766010471018194295559619
8946767837449448255379774726847104
0475346462080466842590694912933136
7702898915210475216205696602405803
8150193511253382430035587640247496
4732639141992726042699227967823547
8163600934172164121992458631503028
6182974555706749838505494588586926
9956909272107975093029553211653449
8720275596023648066549911988183479
7753566369807426542527862551818417
5746728909777727938000816470600161

4524919217321721477235014144197356

7971089314566913686722874894056010
1503308617928680920874760917824938
5890097149096759852613655497818931
2978482168299894872265880485756401
4270477555132379641451523746234364
5428584447952658678210511413547357
3952311342716610213596953623144295
2484937187110145765403590279934403
7420073105785390621983874478084784
8968332144571386875194350643021845
3191048481005370614680674919278191
1979399520614196634287544406437451
2371819217999839101591956181467514
2691239748940907186494231961567945
2080951465502252316038819301420937
6213785595663893778708303906979207
7346722182562599661501421503068038
4477345492026054146659252014974428
5073251866600213243408819071048633
1734649651453905796268561005508106
6587969981635747363840525714591028
9706414011097120628043903975951567
7157700420337869936007230558763176
3594218731251471205329281918261861
2586732157919841484882916447060957
5270695722091756711672291098169091
5280173506712748583222871835209353

9657251210835791513698820914442100
6751033467110314126711136990865851
6398315019701651511685171437657618
3515565088490998985998238734552833
1635507647918535893226185489632132
9330898570642046752590709154814165
4985946163718027098199430992448895
7571282890592323326097299712084433
5732654893823911932597463667305836
0414281388303203824903758985243744
1702913276561809377344403070746921
1201913020330380197621101100449293
2151608424448596376698389522868478
3123552658213144957685726243344189
3039686426243410773226978028073189
1544110104468232527162010526522721
1166039666557309254711055785376346
6820653109896526918620564769312570
5863566201855810072936065987648611
7910453348850346113657686753249441
6680396265797877185560845529654126
6540853061434443185867697514566140
6800700237877659134401712749470420
5622305389945613140711270004078547
3326993908145466464588079727082668
3063432858785698305235808933065757
4067954571637752542021149557615814

0025012622859413021647155097925923

0990796547376125517656751357517829

6664547791745011299614890304639947

1329621073404375189573596145890193

8971311179042978285647503203198691

5140287080859904801094121472213179

4764777262241425485454033215718530

6142288137585043063321751829798662

2371721591607716692547487389866549

4945011465406284336639379003976926

5672146385306736096571209180763832

7166416274888800786925602902284721

0403172118608204190004229661711963

7792133757511495950156604963186294

7265473642523081770367515906735023

5072835405670403867435136222247715

8915049530984448933309634087807693

2599397805419341447377441842631298

6080998886874132604721569516239658

6457302163159819319516735381297416

7729478672422924654366800980676928

2382806899640048243540370141631496

5897940924323789690706977942236250

8221688957383798623001593776471651

2289357860158816175578297352334460

4281512627203734314653197777416031

9906655418763979293344195215413418

9948544473456738316249934191318148

0927777103863877343177207545654532

2077709212019051660962804909263601

9759882816133231666365286193266863

3606273567630354477628035045077723

5547105859548702790814356240145171

8062464362679456127531813407833033

6254232783944975382437205835311477

1199260638133467768796959703098339

1307710987040859133746414428227726

3465947047458784778720192771528073

1767907707157213444730605700733492

4369311383504931631284042512192565

1798069411352801314701304781643788

5185290928545201165839341965621349

1434159562586586557055269049652098

5803385072242648293972858478316305

7777560688876446248246857926039535

2773480304802900587607582510474709

1643961362676044925627420420832085

6611906254543372131535958450687724

6029016187667952406163425225771954

2916299193064553779914037340432875

2628889639958794757291746426357455

2540790914513571113694109119393251

9107602082520261879853188770584297

2591677813149699009019211697173727

8476847268608490033770242429165130
0500516832336435038951702989392233
4517220138128069650117844087451960
1212285993716231301711444846409038
9064495444006198690754851602632750
5298349187407866808818338510228334
5085048608250393021332197155184306
3545500766828294930413776552793975
1754613953984683393638304746119966
5385815384205685338621867252334028
3087112328278921250771262946322956
3989898935821167456270102183564622
0134967151881909730381198004973407
2396103685406643193950979019069963
9552453005450580685501956730229219
1393391856803449039820595510022635
3536192041994745538593810234395544
9597783779023742161727111723643435
4394782218185286240851400666044332
5888569867054315470696574745855033
2323342107301545940516553790686627
3337995851156257843229882737231989
8757141595781119635833005940873068
1216028764962867446047746491599505
4973742562690104903778198683593814
6574126804925648798556145372347867
3303904688383436346553794986419270

5638729317487233208376011230299113
6793862708943879936201629515413371
4248928307220126901475466847653576
1647737946752004907571555278196536
2132392640616013635815590742202020
3187277605277219005561484255518792
5303435139844253223415762336106425
0639049750086562710953591946589751
4131034822769306247435363256916078
1547818115284366795706110861533150
4452127473924544945423682886061340
8414863776700961207151249140430272
5386076482363414334623518975766452
1641376796903149501910857598442391
9862916421939949072362346468441173
9403265918404437805133389452574239
9508296591228508555821572503107125
7012668302402929525220118726767562
2041542051618416348475651699981161
4101002996078386909291603028840026
9104140792886215078424516709087000
6992821206604183718065355672525325
6753286129104248776182582976515795
9847035622262934860034158722980534
9896502262917487882027342092222453
3985626476691490556284250391275771
0284027998066365825488926488025456

6101729670266407655904290994568150

6526530537182941270336931378517860

9040708667114965583434347693385781

7113864558736781230145876871266034

8913909562009939361031029161615288

1384379099042317473363948045759314

9314052976347574811935670911013775

1721008031559024853090669203767192

2033229094334676851422144773793937

5170344366199104033751117354719185

5046449026365512816228824462575916

3330391072253837421821408835086573

9177150968288747826569959957449066

1758344137522397096834080053559849

1754173818839994469748676265516582

7658483588453142775687900290951702

8352971634456212964043523117600665

1012412006597558512761785838292041

9748442360800719304576189323492292

7965019875187212726750798125547095

8904556357921221033346697499235630

2549478024901141952123828153091140

7907386025152274299581807247162591

6685451333123948049470791191532673

4302824418604142636395480004480026

7049624820179289647669758318327131

4251702969234889627668440323260927

5249603579964692565049368183609003

2380929345958897069536534940603402

1665443755890045632882250545255640

5644824651518754711962184439658253

3754388569094113031509526179378002

9741207665147939425902989695946995

5657612186561967337862362561252163

2086286922210327488921865436480229

6780705765615144632046927906821207

3883778142335628236089632080682224

6801224826117718589638140918390367

3672220888321513755600372798394004

1529700287830766709444745601345564

1725437090697939612257142989467154

3578468788614445812314593571984922

5284716050492212424701412147805734

5510500801908699603302763478708108

1754501193071412233908663938339529

4257869050764310063835198343893415

9613185434754649556978103829309716

4651438407007073604112373599843452

2516105070270562352660127648483084

0761183013052793205427462865403603

6745328651057065874882256981579367

8976697422057505968344086973502014

1020672358502007245225632651341055

9240190274216248439140359989535394

5909440704691209140938700126456001
6237428802109276457931065792295524
9887275846101264836999892256959688
1592056001016552563756785667227966
1988578279484885583439751874454551
2965634434803966420557982936804352
2027709842942325330225763418070394
7699415979159453006975214829336655
5661567873640053666564165473217043
9035213295435291694145990416087532
0186837937023488868947915107163785
2902345292440773659495630510074210
8714261349745956151384987137570471
0178795731042296906667021449863746
4595280824369445789772330048764765
2413390759204340196340391147320233
8071509522201068256342747164602433
5440051521266932493419673977041595
6837535551667302739007497297363549
6453328886984406119649616277344951
8273695588220757355176651589855190
9866653935494810688732068599075407
9234240230092590070173196036225475
6478940647548346647760411463233905
6513433068449539790709030234604614
7096169688688501408347040546074295
8699138296682468185710318879065287

0366508324319744047718556789348230

8943106828702722809736248093996270

6074726455399253994428081137369433

8872940630792615959954626246297070

6259484556903471197299640908941805

9534393251236235508134949004364278

5271383159125689892951964272875739

4691427253436694153236100453730488

1985517065941217352462589548730167

6002988659257866285612496655235338

2942878542534048308330701653722856

3559152534784459818313411290019992

0598135220511733658564078264849427

6441137639386692480311836445369858

9175442647399882284621844900877769

7763127957226726555625962825427653

1830013407092233436577916012809317

9401718598599933849235495640057099

5585611349802524990669842330173503

5804408116855265311709957089942732

8709258487894436460050410892266917

8352587078595129834417295351953788

5534573742608590290817651557803905

9464087350612322611200937310804854

8526357228257682034160504846627750

4500312620080079980492548534694146

9775164932709504934639382432227188

5159740547021482897111777923761225
7887347718819682546298126868581705
0740272550263329044976277894423621
6741191862694396506715157795867564
8239939176042601763387045499017614
3641204692182370764887834196896861
1815581587360629386038101712158552
7266830082383404656475880405138080
1633638874216371406435495561868964
1122821407533026551004241048967835
2858829024367090488711819090949453
3144218287661810310073547705498159
6807720094746961343609286148494178
5017180779306810854690009445899527
9424398139213505586422196483491512
6390128038320010977386806628779239
7180146134324457264009737425700735
9210031541508936793008169980536520
2760072774967458400283624053460372
6341655425902760183484030681138185
5105979705664007509426087885735796
0373245141467867036880988060971642
5849759513806930944940151542222194
3291302173912538355915031003330325
1117491569691745027149433151558854
0392216409722910112903552181576282
3283182342548326111912800928252561

9020526301639114772473314857391077

7587442538761174657867116941477642

1441111263583553871361011023267987

7564102468240322648346417663698066

3785768134920453022408197278564719

8396308781543221166912246415911776

7322532643356861461865452226812688

7268445968442416107854016768142080

8850280054143613146230821025941737

5623899420757136275167457318918945

6283525704413354375857534269869947

2547031656613991999682628247270641

3362221789239031760854289437339356

1889165125042440400895271983787386

4805847268954624388234375178852014

3956005710481194988423906061369573

4231559079670346149143447886360410

3182350736502778590897578272731305

0488939890099239135033732508559826

5586708924261242947367019390772713

0706869170926462548423240748550366

0801360466895118400936686095463250

0214585293095000090715105823626729

3264537382104938724996699339424685

5164832611341461106802674466373343

7534076429402668297386522093570162

6384648528514903629320199199688285

1718395366913452224447080459239660
2817156551565666111359823112250628
9058549145097157553900243931535190
9021071194573002438801766150352708
6260253788179751947806101371500448
9917210022201335013106016391541589
5780371177927752259787428919179155
2241718958536168059474123419339842
0218745649256443462392531953135103
3114763949119950728584306583619353
6932969928983791494193940608572486
3968836903265564364216644257607914
7108699843157337496488352927693282
2076294728238153740996154559879825
9891093717126218283025848112389011
9682214294576675807186538065064870
2613389282299497257453033283896381
8439447707794022843598834100358385
4238973542439564755568409522484455
4139239410001620769363684677641301
7819659379971557468541946334893748
4391297423914336593604100352343777
0658886778113949861647874714079326
3858738624732889645643598774667638
4794665040741118256583788784548581
4896296127399841344272608606187245
5452360643153710112746809778704464

0947582803487697589483282412392929

6058294861919667091895808983320121

0318430340128495116203534280144127

6172858302435598300320420245120728

7253558119584014918096925339507577

8400067465526031446167050827682772

2235341911026341631571474061238504

2584598841990761128725805911393568

9601431668283176323567325417073420

8173322304629879928049085140947903

6887868789493054695570307261900950

2076433493359106024545086453628935

4568629585313153371838682656178622

7363716975774183023986006591481616

4049449650117321313895747062088474

8023653710311508984279927544268532

7797431139514357417221975979935968

5252285745263796289612691572357986

6205734083757668738842664059909935

0500081337543245463596750484423528

4874701443545419576258473564216198

1340734685411176688311865448937769

7956651727966232671481033864391375

1865946730024434500544995399742372

3287124948347060440634716063258306

4982979551010954183623503030945309

7335834462839476304775645015008507

5789495489313939448992161255255977
0143685894358587752637962559708167
7643800125436502371412783467926101
9955852247172201777237004178084194
2394872540680155603599839054898572
3546745642390585850216719031395262
9445543913166313453089390620467843
8778505423939052473136201294769187
4975191011472315289326772533918146
6073000890277689631148109022097245
2075916729700785058071718638105496
7973100167870850694207092232908070
3832634534520380278609905569001341
3718236837099194951648960075504934
1267876436746384902063964019766685
5923356546391383631857456981471962
1084108096188460545603903845534372
9141446513474940784884423772175154
3342603066988317683310011331086904
2193903108014378433415137092435301
3677631084913516156422698475074303
2971674696406665315270353254671126
6752246055119958183196376370761799
1919203579582007595605302346267757
9439363074630569010801149427141009
3913691381072581378135789400559950
0183542511841721360557275221035268

0373572652792241737360575112788721

8190844900617801388971077082293100

2797665935838758909395688148560263

2243937265624727760378908144588378

5501970284377936240782505270487581

6470324581290878395232453237896029

8416692254896497156069811921865849

2677040395648127810217991321741630

5810554598801300484562997651121241

5363745150056350701278159267142413

4210330156616535602473380784302865

5257222753049998837015348793008062

6018096238151613669033411113865385

1091936739383522934588832255088706

4507539473952043968079067086806445

0969865488016828743437861264538158

3428075306184548590379821799459968

1154419742536344399602902510015888

2721647450068207041937615845471231

8346007262933955054823955713725684

0232268213012476794522644820910235

6477527230820810635188991526928891

0845557112660396503439789627825001

6110153235160519655904211844949907

7899920073294769058685778787209829

0135295661397888486050978608595701

7731298155314951681467176959760994

2100361835591387778176984587581044
6628399880600616229848616935337386
5787735983361613384133853684211978
9389001852956919678045544828584837
0117096721253533875862158231013310
3877668272115726949518179589754693
9926421979155233857662316762754757
0354699414892904130186386119439196
2838870543677743224276809132365449
4853667680000010652624854730558615
9899914017076983854831887501429389
0899506854530765116803337322265175
6622075269517914422528081651716677
6672793035485154204023817460892328
3917032754257508676551178593950027
9338959205766827896776445318404041
8554010435134838953120132637836928
3580827193783126549617459970567450
7183320650345566440344904536275600
1125018433560736122276594927839370
6478426456763388188075656121689605
0416113903906396016202215368494109
2605387688714837989559999112099164
6464411918568277004574243434021672
2764455893301277815868695250694993
6461017568506016714535431581480105
4588605645501332037586454858403240

298717093480910556211671546848 4778

039447569798042631809917564228 0987

399876697323769573701580806822 9045

992123661689025962730430679316 5311

494017647376938735140933618332 1614

280214976339918983548487562529 8752

423873077559555955465196394401 8218

409984124898262367377146722606 1633

643296406335728107078875816404 3814

850188411431885988276944901193 2129

682715888413386943468285900666 4080

631407775772570563072940049294 0302

420498416565479736705485580445 8657

202276378404668233798528271057 8431

975354179501134727362577408021 3476

826045022851579795797647467022 8409

995616015691089038458245026792 6594

205550395879229818526480070683 7650

418365620945554346135134152570 0659

748819163413595567196496540321 8727

160264859304903978748958906612 7250

794828276938953521753621850796 2977

851461884327192232238101587444 5052

866523802253284389137527384589 2384

422535472653098171578447834215 8223

270206902872323300538621634798 8509

469547200479523112015043293226 6282

7276321779088400878614802214753765

7810581970222630971749507212724847

9478169572961423658595782090830733

2335603484653187302930266596450137

1837542889755797144992465403868179

9213893469244741985097334626793321

0726868707680626399193619650440995

4216762784091466985692571507431574

0793805323925239477557441591845821

5625181921552337096074833292349210

3451462643744980559610330799414534

7784574699992128599999399612281615

2193148887693880222810830019860165

4941654261696858678837260958774567

6182507275992950893180521872924610

8676399589161458550583972742098090

9781729323930106766386824040111304

0247007350857828724627134946368531

8154696904669686939254725194139929

1465242385776255004748529547681479

5467007050347999588867695016124972

2820403039954632788306959762493615

1010243655535223069061294938859901

5734661023712235478911292547696176

0050479749280607212680392269110277

7226102544149221576504508120677173

5712027180242968106203776578837166

9091094180744878140490755178203856

5390991047759414132154328440625030

1802757169650820964273484146957263

9788425600845312140659358090412711

3592004197598513625479616063228873

6181367373244506079244117639975974

6193835845749159880976674470930065

4634242346063423747466608043170126

0052055928493695941434081468529815

0539471789004518357551541252235905

9068726487863575254191128887737176

6374860276606349603536794702692322

9718683277173932361920077745221262

4751869833495151019864269887847171

9396649769070825217423365662725928

4406204302141137199227852699846988

4770232382384005565551788908766136

0130477098438611687052310553149162

5172837327286760072481729876375698

1633541507460883866364069347043720

6688651275688266149730788657015685

0169186474885416791545965072342877

3069985371390430026653078398776385

0323818215535597323530686043010675

7608389086270498418885951380910304

2359578249514398859011318583584066

7472370297149785084145853085781339

1562707603563907639473114554958322

6694570249413983163433237897595568

0856836297253867913275055542524491

9435891284050452269538121791319145

1350099384631177401797151228378546

0116035955402864405902496466930707

7690554810288502080858008781157738

1719174177601733073855475800605601

4337743299012728677253043182519757

9167929699650414607066457125888346

9797964293162296552016879730003564

6304579308840327480771811555330909

8870255052076804630346086581653948

7695196004408482065967379473168086

4156456505300498816164905788311543

4548505266006982309315777650037807

0466126470602145750579327096204782

5615247145918965223608396645624105

1955105223572397395128818164059785

9142791481654263289200428160913693

7773722299983327082082969955737727

3756676155271139225880552018988762

0114168005468736558063347160373429

1703907986396522961312801782679717

2898229360702880690877686605932527

4637840539769184808204102194471971

3869256084162451123980620113184541

2447820501107987607171556831540788

6543904121087303240201068534194723

0476666721749869868547076781205124

7367924791931508564447753798537997

3223445612278584329684664751333657

3692387201464723679427870042503255

5899268843495928761240075587569464

1370562514001179713316620715371543

6006876477318675587148783989081074

2953094106059694431584775397009439

8839491443235366853920994687964506

6533985738887866147629443414010498

8899316005120767810358861166020296

1193639682134960750111649832785635

3161451684576956871090029997698412

6326650234771672865737857908574664

6077228341540311441529418804782543

8761770790430001566986776795760909

9669360755949651527363498118964130

4331166277471233881740603731743970

5406703109676765748695358789670031

9258662594105105335843846560233917

9674926784476370847497833365557900

7384191473198862713525954625181604

3422537299628632674968240580602964

2114638643686422472488728343417044

1573482481833301640566959668866769

5634914163284264149745333499994800
0266998758881593507357815195889900
5395120853510357261373640343675347
1410483601754648830040784641674521
6737190483109676711344349481926268
1110739948250607394950735031690197
3185211955263563258433909982249862
4067031076831844660729124874754031
6179699411397387765899868554170318
8477886759290260700432126661791922
3520938227878880988633599116081923
5355570464634911320859189796132791
3197564909760001399623444553501434
6426860464495862476909434704829329
4140411146540923988344435159133201
0773944111840741076849810663472410
4823935827401944935665161088463125
6785297769734684303061462418035852
9331597345830384554103370109167677
6374276210213701354854450926307190
1147318485749233181672072137279355
6795284439254815609137281284063330
3937356242001604566455741458816605
2166608738748047243391212955877763
9069690370788285277538940524607584
9623157436917113176134783882719416
8606625721036851321566478001476752

3103935786068961112599602818393095
4870905907386135191459181951029732
7875571049729011487171897180046961
6977700179139196137914171627070189
5846921434369676292745910994006008
4983568425201915593703701011049747
3394938778859894174330317853487076
0322198297057975119144051099423588
3034546353492349826883624043327267
4155403016195056806541809394099820
2060999414021689090070821330723089
6621197755306659188141191577836272
9274615618571037217247100952142369
6483086410259288745799932237495519
1221951903424452307535133806856807
3544649951272031744871954039761073
0806026990625807602029273145525207
8079914184290638844373499681458273
3720726639176702011830046481900024
1308350884658415214899127610651374
1539435657211390328574918769094413
7020905170314877734616528798482353
3829726013611098451484182380812054
0996125274580881099486972216128524
8974255555160763716750548961730168
0961380381191436114399210638005083
2140987604599309324851025168294467

2606661381517457125597549535802399

8314698220361338082849935670557552

4712902745397762140493182014658008

0215665360677655087838043041343105

9180460680083459113664083488740800

5741272586704792258319127415739080

9143831384564241509408491339180968

4025116399193685322555733896695374

9026620923261318855891580832455571

9484538756287861288590041060060737

4650140262782402734696252821717494

1582331749239683530136178653673760

6421667781377399510065895288774276

6263684183068019080460984980946976

3667335662282915132352788806157768

2781595886691802389403330764419124

0341202231636857786035727694154177

8826435238131905028087018575047046

3129333537572853866058889045831114

5077394293520199432197117164223500

5644042979892081594307167019857469

2738486538334361457946341759225738

9858800169801475742054299580124295

8105456510831046297282937584161162

5325625165724980784920998979906200

3593650993472158296517413579849104

7111660791587436986541222348341887

7229294463351786538567319625598520

2607294767407261676714557364981210

5677716893484917660771705277187601

1999081441130586455779105256843048

1144026193840232247093924980293355

0731845890355397133088446174107959

1625117148648744686112476054286734

3670904667846867027409188101424971

1149657817724279347070216688295610

8777944050484375284433751088282647

7197854000650970403302186255614733

2117771174413350281608840351781452

5419643203095760186946490886815452

8562134698835544456024955666843660

2922195124830910605377201980218310

1032704178386654471812603971906884

6237085751808003532704718565949947

6124248110999288679158969049563947

6246084240659309486215076903149870

2067353384834955083636601784877106

0809804269247132410009464014373603

2656451845667924566695510015022983

3079849607994988249706172367449361

2262229617908143114146609412341593

5930958540791390872083227335495720

8075716517187659944985693795623875

5516175754380917805280294642004472

1539628074636021132942559160025707
3562812638733106005891065245708024
4749375431841494014821199962764531
0680066311838237616396631809314446
7129861552759820145141027560068929
7502463040173514891945763607893528
5550531733141645705049964438909363
0843874484783961684051845273288403
2345202470568516465716477139323775
5172947951261323982296023945485797
5458651745878771331813875295980941
2174227300352296508089177705068259
2488223221549380483714547816472139
7682096332050830564792048208592047
5499857320388876391601995240918938
9455767687497308569559580106595265
0303626615975066222508406742889826
5907510637563569968211510949669744
5805472886936310203678232501823237
0845979011154847208761821247781326
6330412076216587312970811230758159
8212486398072124078688781145016558
2513617890307086087019897588980745
6643955157415363193191981070575336
6337380382721527988493503974800158
9051942087971130805123393322190346
6249917169150948541401871060354603

7946433790058909577211808044657439

6280618671786101715674096766208029

5766577051291209907944304632892947

3061595104309022214393718495606340

5618934251305726829146578329334052

4635028929175470872564842600349629

6116541382300773133272983050016025

6724014185152041890701154288579920

8121984493156999059182011819733500

1261877280368124819958770702075324

0636125931343859554254778196114293

5163561223496661522614735399674051

5849986035529533292457523888101362

0234762466905581643896786309762736

5504724348643071218494373485300606

3876445662721866617012381277156213

7974614986132874411771455244470899

7144522885662942440230184791205478

4985745216346964489738920624019435

1831008828348024924908540307786387

5165911302873958787098100772718271

8745290139728366148421428717055317

9654307650453432460053636147261818

0969976933486264077435199928686323

8350887566835950972655748154319401

9557685043724800102041374983187225

9677387154958399718444907279141965

8459300839426370208756353982169620

5532480321226749891140267852859967

3405242031091797899905718821949391

3207534317079800237365909853755202

3891164346718558290685371189795262

6234492483392496342449714656846591

2489185566295893299090352392333336

4743520370770101084388003290759834

2170185542283861617210417603011645

9187805393674474720599850235828918

3369292233732399948043710841965947

3162654825748099482509991833006976

5693671596893644933488647442135008

4070066088359723503953234017958255

7036016936990988671132109798897070

5172807558551912699306730992507040

7024556850778679069476612629808225

1633136399521170984528092630375922

4267425755998928927837047444521893

6320348941552104459726188380030067

7617931381399162058062701651024458

8692476492468919246121253102757313

9084047000714356136231699237169484

8132554200914530410371354532966206

3921054798243921251725401323149027

4058589206321758949434548906846399

3137570910346332714153162232805522

9729795380188016285907357295541627

8867649827418616421878988574107164

9069191851162815285486794173638906

6538857642291583425006736124538491

6067413734017357277995634104332688

3569507814931378007362354180070619

1802673285511919426760912210359874

6924117283749312616339500123959924

0508454375698507957046222664619000

1035004901830341535458428337643781

1198855631877779253720116671853954

1835984438305203762819440761594106

8207169703022851522505731260930468

9842343315273213136121658280807521

2631547730604423774753505952287174

4026663891488171730864361113890694

2027908814311944879941715404210341

2190847094080254023932942945493878

6402305129271190975135360009219711

0541209668311151632870542302847007

3120658032626417116165957613272351

5666625366727189985341998952368848

3099930275741991646384142707798870

8874229277053891227172486322028898

4251252872178260305009945108247835

7290569198855546788607946280537122

7042466543192145281760741482403827

8358297193010178883456741678113989
5475044833931468963076339665722672
7043393216745421824557062524797219
9786685427989779923395790575818906
2252547358220523642485078340711014
4980478726691990186438822932305382
3185597328697809222535295910173414
0733488476100556401824239219269506
2083183814546983923664613639891012
1021770959767049083050818547041946
6437131229969235889538493013635657
6186106062228705599423371631021278
4574464639897381885667462608794820
1864748767272722206267646533809980
1966883680994159075776852639865146
2533363124505364026105696055131838
1317426118442018908885319635698696
2795036738424313011331753305329802
0166888174813429886815855778103432
3175306478498321062971842518438553
4427620128234570716988530518326179
6411785796088881503296022907056144
7622091509473903594664691623539680
9201394578175891088931992112260073
9281491694816152738427362642980982
3406320024402449589445612916704950
8235812487391799648641133480324757

7752197089327722623494860150466526
8143987705161531702669692970492831
6285504212898146706195331970269507
2143782304768752802873541261663917
0824592517001071418085480063692325
9462019002278087409859771921805158
5321473926532515590354102092846659
2529991435379182531454529059841581
7637058927906909896911164381187809
4353715213322614436253144901274547
7269573939348154691631162492887357
4718824071503995009446731954316193
8554852076657388251396391635767231
5100555603726339486720820780865373
4942440115799667507360711159351331
9591971209489647175530245313647709
4209463569698222667377520994516845
0643623824211853534887989395673187
8066061078854400055082765703055874
4854180577889171920788142335113866
2929667179643468760077047999537883
3878703487180218424373421122739402
5571769081960309201824018842705704
6092622564178375265263358324240661
2533115294234579655695025068100183
1090041124537901533296615697052237
9210325706937051090830789479999004

9993953221536227484766036136776979

7856738658467093667958858378879562

5946464891376652199588286933801836

0119323685785585581955560421562508

8365020332202451376215820461810670

5195330653060606501054887167245377

9428313388716313955969058320834168

9847606560711834713621812324622725

8841990286142087284956879639325464

2853430753011052857138296437099903

5694888528519040295604734613113826

3878897551788560424998748316382804

0468486189381895905420398898726506

9762020199554841265000539442820393

0127481638158530396439925470201672

7593285743666616441109625663373054

0921951967514832873480895747777527

8344221091073111351828046036347198

1856555729571447476825528578633493

4285842311874944000322969069775831

5903858039353521358860079600342097

5473922967333106493956018122378128

5458431760556173386112673478074585

0676063048229409653041118306671081

8930311088717281675195796753471885

3722930961614320400638132246584111

1157758358581135018569047815368938

1377184728147519983505047812977185
9908470762197460588742325699582889
2535041937958260616211842368768511
4183160683158679946016520577405294
2305360178031335726326705479033840
1257305912339601880137825421927094
7673371919872873852480574212489211
8347087662966720727232565056512933
3126059505777727542471241648312832
9820723617505746738701282095755443
0596839555568686118839713552208445
2852640081252027665557677495969626
6126045652456840861392382657685833
8469849977872670655519185446869846
9478495734622606294219624557085371
2727765230989554501930377321666491
8257815467729200521266714346320963
7891852323215018976126034373684067
1941930377468809992968775824410478
7812326625318184596045385354383911
4496775312864260925211537673258866
7226040425234910870269580996475958
0579466397341906401003636190404203
3113579336542426303561457009011244
8008900208014780566037101541223288
9146572239314507607167064355682743
7743965789067972687438473076346451

6775621030986040927170909512808630
9029738504452718289274968921210667
0081648583395537735919136950153162
0189088874842107987068991148046692
7065094076204650277252865072890532
8548561433160812693005693785417861
0969692025388650345771831766868859
2368148847527649846882194973972970
7737187188400414323127636504814531
1228509900207424092558592529261030
2106736815434701525234878635164397
6235860419194129697690405264832347
0099111542426012734380220893310966
8636789869497799400126016422760926
0823493041180643829138347354679725
3992623387915829984864592717340592
2562074910530853153718291168163721
9395188700957788181586850464507699
3439409874335144316263303172477474
8689791820923948083314397084067308
4079589358108966564775859905563769
5252326536144247802308268118310377
3588708924061303133647737101162821
4614661679404090518615260360092521
9472188909181073358719641421444786
5489952858234394705007983038853886
0831035719306002771194558021911942

8999227223534587075662469261776631

7885514435021828702668561066500353

1050216318206017609217984684936863

1612937279518730789726373537171502

5637873357977180818487845886650433

5824377004147710414934927438457587

1071597315594394264125702709651251

0811554824793940359768118811728247

2158250109496096625393395380922195

5919181885526780621499231727631632

1833989693807561685591175299845013

2067129392404144593862398809381240

4521914848316462101473891825101090

9677386906640415897361047643650006

8077105656718486281496371118832192

4456639458144914861655004956769826

9030891118568798692947051352481609

1743243015383684707292898982846022

2373014526556798986277679680914697

9837826876431159883210904371561129

9766521539635464420869197567370005

7387649784376862876817924974694384

2746525631632300555130417422734164

6455127812784577772457520386543754

2828256714128858345444351325620544

6424101103795546419058116862305964

4769587054072141985212106734332410

7567675758184569906930460475227701

6700568454396923404171108988899341

6350585157887353430815520811772071

8803791040469830695786854739376564

3363197978680367187307969392423632

1448450354776315670255390065423117

9201534649779290662415083288583952

9054263768766896880503331722780018

5885069736232403894700471897619347

3443084374437599250341788079722358

5913424581314404984770173236169471

9765715353197754997162785663119046

9126091825912498903676541769799036

2375528652637573376352696934435440

0473067198868901968147428767790866

9796885225016369498567302175231325

2926537589641517147955953878427849

9866456302878831962099830494519874

3963690706827626574858104391122326

1879405994155406327013198989570376

1105323606298674803779153767511583

0432084987209202809297526498125691

6342500052290887264692528466610466

5392171482080130502298052637836426

9597337070539227891535105688839381

1324975707133102950443034671598944

8786847116438328050692507766274500

1220035262037094660234146489983902
5258883014867816219677519458316771
8762757200505439794412459900771152
0515461993050983869825428464072555
4092740313257163264079293418334214
7090412542533523248021932277075355
5467958716383587501815933871742360
6155117101312352563348582036514614
1870049205704372018261733194715700
8675785393360786227395581857975872
5874410254207710547536129404746010
0094095444959662881486915903899071
8659805636171376922272907641977551
7772010427649694961105622059250242
0217704269622154958726453989227697
6603105249808557594716310758701332
0886146326641259114863388122028444
0694169488261529577625325019870359
8706743804698219420563812558334364
2194923227593722128905642094308235
2544084110864545369404969271494003
3197828613181861888111184082578659
2875742638445005994422956858646048
1033015388911499486935436030221810
9434667640000223625505736312946262
9609619876056425996394613869233083
7196265954739234624134597795748524

64783798079569319865081597767535 05

53918991151335252298736112779182 74

85420086895396583594219633315028 69

56119201229888988700607999279541 11

88269023078913107603617634779489 43

20321027733594169086500719328040 17

16384064498787175375678118532132 84

08216571107549528294974936214608 21

55832056872321855740651610962748 74

37509809223021160998263303391546 94

94644491004515280925089745074896 76

03240907689836529406579201983152 65

41065813682379198409064571246894 84

70209357761193139980246813405200 39

47819498662026240089021501661638 13

53838151503773502296607462795291 03

84068685569070157516624192987244 48

27194293310048548244545807188976 33

00323252582158128032746796200281 47

62431828622171054352898348208273 45

16801861317195933247110746622285 08

71066611770346535283957762599774 46

72185715816126411143271794347885 99

08928084866949141390977167369002 77

75850268664654056595039486784111 07

90116104008572744562938425494167 59

46054871172359464291058509099502 14

958793112196135908315882620682 3321

5615308683373083817327932819698387

5087083483880463884784418840031847

1269745437093732983624028751979208

0232187874488287284372737801782700

8058782410749357514889978911739746

1293203510814327032514090304874622

6294234432757126008664250833318768

8650756429271605525289544921537651

7514921963671810494353178583834538

6525565664065725136357506435323650

8936790431702597878177190314867963

8408288102094614900797151377170990

6195496964007086766710233004867263

1475510537231757114322317411411680

6228642063889062101923552235467116

6213749969326932173704310598722503

9456574924616978260970253359475020

9138366737728944386964000281103440

2608471289900074680776484408871134

1352503367877316797709372778682166

1178653442317322646378476978751443

3209534000165069213054647689098505

0203015044880834261845208730530973

1894929164253229336124315143065782

6407028389840984160295030924189712

0971601649265613413433422298827909

9217860426798124572853458013382609

9587717811310216734025656274400729

6834066198480676615805021691833723

6803990279316064204368120799003162

6444914619021945822969099212278855

3948783538305646864881655562294315

6731282743908264506116289428035016

6133669782405177015521962652272545

5850738640585299830379180350432876

7038092521679075712040612375963276

8567484507915114731344000183257034

4920909712435809447900462494313455

0289006806487042935340374360326258

2053579011839564908935434510134296

9617545249573960621490288728932792

5206965353863964432253883275224996

0598697475988232991626354597332444

5163755334377492928990581175786355

5556269374269109471170021654117182

1975051983178713710605106379555858

8905568852887989084750915764639074

6936198815078146852621332524738376

5119299015610918977792200870579339

6463827490680698769168197492365624

2260871541761004306089043779766785

1966189140414492527048088197149880

1542057787006521594009289777601330

7568479669929554336561398477380603
9436889588764605498387147896848280
5384701730871117761159663505039979
3438693391197898871091565417091330
8260764740630571141109883938809548
1437828474528838368079418884342666
2220704387228874139478010177213922
8191199236540551639589347426395382
4829609036900288359327745855060801
3179884071624465639979482757836501
9551422155133928197822698427863839
1679715091262410548725700924070045
4884856929504481107380879965474815
6891393538094347455697212891982717
7020766613602489581468119133614121
2587838955773571949863172108443989
0142394849665925173138817160266326
1931065366535041473070804414939169
3632623737677770958503132559900957
6273195730864804246770121232702053
3742667053142448208168130306397378
7366424836725398374876909806021827
8578621651273856351329014890350988
3270617258932575363993979055729175
1600976154590447716922658063151110
2803843601737474215247608515209901
6158582312571590733421736576267142

3904782795872815050956330928026684

5893764964977023297364131906098274

0633531089792464242134583740901169

3919642504591288134034988106354008

8759682005440836438651661788055760

8956896727531538081942077332597917

2784376256611843198910250074918290

8647514979400316070384554946538594

6027452447466812314687943441610993

3389089926384118474252570445725174

5932573898956518571657596148126602

0310797628254165590506042479114016

9579003383565748692528007430256234

1949828646791447632277400552946090

3940177536335655471931000175430047

5047191448998410400158679461792416

1001645471655133707407395026044276

9538553834397550548871099785205401

1751697475813449260794336895437832

2117245068734423198987884412854206

4742809735625807066983106979935260

6933921356858813912148073547284632

2778490808700246777630360555123238

6656295178853719673034634701222939

5816067925091532174890308408865160

6111901149844341235012464692802880

5996134283511884715449771278473361

7662850621697787177438243625657117
7945006447771837022199910669502165
6757644044997940765037999954845002
7106659878136038023141268369057831
9046079276529727769404361302305178
7080546511542469395265127101052927
0703066730244471259739399505146284
0476743136373997825918454117641332
7906460636584152927019030276017339
4748669603486949765417524293060407
2700505903950314852292139257559484
5078867977925253931765156416197168
4435243697944473559642606333910551
2682606159572621703669850647328126
6724521989060549880280782881429796
3366967441248059821921463395657457
2210229867759974673812606936706913
4081559412016115960190237753525556
3006062479832612498812881929373434
7686268921923977783391073310658825
6813777172328315329082525092733047
8507249771394483338925520811756084
5296659055394096556854170600117985
7293813998258319293679100391844099
2865756059935989100029698644609747
1471847010153128376263114677420914
5574041815908800064943237855839308

5308283054760767995243573916312218

8605754967383224319565065546085288

1201902363644712703748634421727257

8795034284863129449163184753475314

3504139209610879605773098720135248

4075057637199253650470908582513936

8634638633680428917671076021111598

2887553994012007601394703366179371

5396306139863655492213741597905119

0835882900976566473007338793146789

1318146510931676157582135142486044

2292445304113160652700974330088499

0346754055186406773426035834096086

0553374736276093565885310976099423

8347382222087292464497684560579562

5167655740884103217313456277358560

5235823638953203853402484227337163

9123973215995440828421666636023296

5456947035771848734420342277066538

3738750616921276801576618109542009

7708363604361110592409117889540338

0214265239489296864398089261146354

1457153519434285072135345301831587

5628275733898268898523557799295727

6452293915674775666760510878876484

5349363606827805056462281359888587

9259940946446041705204470046315137

9754317371877560398159626475014109

0665886616218003826698996196558058

7208639721176995219466789857011798

3324406018115756580742841829106151

9391763005919431443460515404771057

0054339000182453117733718955857603

6071828605063564799790041397618089

5536366960316219311325022385179167

2055180659263518036251214575926238

3693482226658955769946604919381124

8660909979812857182349400661555219

6112207203092277646200999315244273

5894887105766238946938894464950939

6033045434084210246240104872332875

0081749179875543879387381439894238

0117627008371960530943839400637561

1645856094312951759771393539607432

2792489221267045808183313764165818

2695621058728924477400359470092686

6265965142205063007859200248829186

0839743732353849083964326147000532

4235406470420894992102504047267810

5908364400746638002087012666420945

7181702946752278540074508552377720

8905816839184465928294170182882330

1497155423523591177481862859296760

5048203864343108779562892925405638

9466219482687110428281638939757117

5778691543016505860296521745958198

8878680408110328432739867198621306

2055598552660364050462821523061545

9447448990883908199973874745296981

0776201487134000122535522246695409

3152131153379157980269795557105085

0747387475075806876537644578252443

2638046143042889235934852961058269

3821034980004052484070844035611678

1717051281337880570564345061611933

0424440798260377951198548694559152

0519600930412710072778493015550388

9536033826192934379708187432094991

4159593396368110627557295278004254

8630600545238391510689989135788200

1941178653568214911852820785213012

5518518493711503422159542244511900

2073935396274002081104655302079328

6725474054365271759589350071633607

6321614725815407642053020045340183

5723382926619153083540951202263291

6505442612361919705161383935732669

3760156914429944943744856809775696

3031295887191611292946818849363386

4739274760122696415884890096571708

6160598147204467428664208765334799

8582220906198021732116142304194777

5499073873856794118982466091309169

1772274207233367635032678340586301

9301932429963972044451792881228544

7821195353089891012534297552472763

5730226281382091807439748671453590

7786335301608215599113141442050914

4729353502223081719366350934686585

8656314855575862447818620108711889

7606529698992693281787055764351433

8206014107732926106343152533718224

3385263520217735440715281898137698

7551575745469397271504884697936195

0047772097056179391382898984532742

6227288647108883270173723258818244

6584362495805925603381052156062061

5571329915608489206434030339526226

3451454283678698288074251422567451

8061841495646861116354049718976821

5422772247947403357152743681940989

2050113653400123846714296551867344

1537416150425632567134302476551252

1921803578016924032669954174608759

2409207004669340396510178134857835

6944407604702325407555577647284507

5182689041829396611331016013111907

7398632462778219023650660374041606

7249624901374332172464540974129955

7052914243820807609836482346597388

6691349919784013108015581343979194

8528304367390124820824448141280954

4377389832005986490915950532285791

4576884962578665885999179867520554

5580990045564611787552493701245532

1717019428288461740273664997847550

8294228020232901221630102309772151

5694464279098021908266898688342630

7160920791408519769523555348865774

3425277531197247430873043619511396

1190800302558783876442060850447306

3129927788894272918972716989057592

5244679660189707482960949190648764

6937027507738664323919190422542902

3531892337729316673608699622803255

7185308919284403805071030064776847

8632431910002239297852553723755662

1364474009676053943983823576460699

2465260089090624105904215453927904

4115295803453345002562441010063595

3003959886446616959562635187806068

8513723462707997327233134693971456

2855426154676506324656766202792452

0858134771760852169134094652030767

3391841147504140168924121319826881

5686645614853802875393311602322925
5561894104299533564009578649534093
5115266454024418775949316930560448
6864208627572011723195264050230997
7456764783848897346431721598062678
7671838005247696884084989185086149
0034324034767426862459523958903585
8213500645099817824463608731775437
8859677672919526111213859194725451
4003011805034378752776644027626189
4101757687268042817662386068047788
5242887430259145247073950546525135
3394595987896197789110418902929438
1856720507096460626354173294464957
6612651953495701860015412623962286
4138977967333290705673769621564981
8450684226369036784955597002607986
7996261019039331263768556968767029
2953711625280055431007864087289392
2571451248113577862766490242516199
0277471090335933309304948380597856
6288447874414698414990671237647895
8226329490467981208998485716357108
7831191848630254501620929805829208
3348136384054217200561219893536693
7133673339246441612522319694347120
6417375491216357008573694397305979

7097197266666422674311177621764030

6868131035189911227133972403688700

0996862922546465006385288620393800

5047782769128356033725482557939129

8525150682996910775425764748832534

1412132800626717094009098223529657

9579978030182824284902214707481111

2401860761341515038756983091865278

0658896682362523937845272634530420

4188025084423631903833183845505223

6799235775292910692504326144695010

9861088899914658551881873582528164

3025209392852580779697376208456374

8211443398816271003170315133440230

9526351929588680690821355853680161

0002137408511544849126858412686958

9917414913382057849280069825519574

0201818105641297250836070356851055

3317878408290000415525118657794539

6331753853209214972052660783126028

1961164858098684587525129997404092

7976831766399146553861089375879522

1497173172813151793290443112181587

1023518740757222100123768721944747

2093493123241070650806185623725267

3254073332487575448296757345001932

1902199119960797989373383673242576

1039389853492787774739805080800155
4476406105352220232540944356771879
4565430406735896491017610775948364
5408234861302547184764851895758366
7439979150851285802060782055446299
1723202028222914886959399729974297
4711553718589242384938558585954074
3810488262464878805330427146301194
1589896328792678327322456103852197
0111304665871005000832851773117764
8973523092666123458887310288351562
6446023671996644554727608310118788
3891511493409393447500730258558147
5619088139875235781233134227986650
3522725367171230756861045004548970
3600795698276263923441071465848957
8024140815840522953693749971066559
4894459246286619963556350652623405
3394391421112718106910522900246574
2360413009369188925586578466846121
5679554256605416005071276641766056
8742742003295771606434486062012398
2169827172319782681662824993871499
5449137302051843669076723577400053
9326626227603236597517189259018011
0429038427418550789488743883270306
3283279963007200698012244365116394

0869222207453202446241211558043545

4206421512158505689615735641431306

8883443185280853975927734433655384

1883403035178229462537020157821573

7326552318576355409895403323638231

9219892171177449469403678296185920

8034038675758341115188241774391450

7736638407188048935825686854201164

5031357633355509440319236720348651

0105610498727264721319865434354504

0913185951314518127643731043897250

7004981987052176272494065214619959

2321423144397765467083517147493679

8618655279171582408065106379950018

4295938799158350171580759883784962

2573985121298103263793762183224565

9423668537679911314010804313973233

5449090824910499143325843298821033

9846981417157560108297065830652113

4707680368069532297199059990445120

9087275776225351040902392888779424

6304832803191327104954785991801969

6783532146444118926063152661816744

3193550817081875477050802654025294

1092182648582138575266881555841131

9856002213515888721036569608751506

3187533002942118682221893775546027

2272912905042922597877106678738400
0061677215463844129237119352182849
9824350920891801685572798156421858
1911974909857305703326676464607287
5743056537260276898237325974508447
9649545648030771598153955827779139
3736017174229960273531027687194494
4491793978514463159731443535185049
1413941557329382048542123508173912
5497498193087143966151329420459193
8010623142177419918406018034794988
7691051557905554806953878540066453
3759818628464199052204528033062636
9562649091082762711590385699505124
6529996062855443838330327638599800
7929228466595035512112452840875162
2906026201185777531374794936205549
6401073001348853150735487353905602
9089335264007132747326219603117734
3394367338575912450814933573691166
4541281788171454023054750667136518
2582848980995121391939956332413365
5677709800308191027204099714868741
8134667006094051021462690280449159
6465453301077546954130887141653125
4481306119240782118869005602778182
4235022696189344352547633573536485

619363254417756613981703930632872 1

669057222597452091929172621998444 0

8816336376851820837278851311752277
6960978796214237216254521459128183
1798216044111311671406914827170981
0154577819392023115638719508050246
7972579249760577262591332855972637
1211201905720771409148645074094926
7180358151575715140503976109638467
5556929897038354731410022380258346
8767350129775413279532060971154506
4842121859364909979177668747744818
8287063231551586503289816422828823
2746866106592732197907162384642153
4898524762167890502609980452664839
2954235728734397768049577409144953
8391575565485459058976495198513801
0079580107837599457752991967005476
0225255203445398871253878017196071
8164078124847847257912407824544361
6823452395706895142722697504318736
3326301110305342333582160933319121
8806608268341428910415173247216053
3558499932245487307788229052523242
3486153152097693846104258284971496
3475341837562003014915703279685301
8686315724884015266398356895636346
5743532178349319982554211730846774
5297085839507616458229630324424328

23773745051702856069806788952176 81

98156710781633405266759539424926 28

07569683261074953233905362230908 07

08145591983735537774874202903901 81

42937311529334644468151212945097 59

65343062842153194457271186149000 17

65055817709530246887526325011970 52

09476159416768727784472000192789 13

72518416228577837922844390843011 81

12149636642465903363419454065718 35

44771912446621259392656620306888 52

00555991212353637182269225317814 58

79259375044144893398160865790087 61

65024635197045828895481793756681 04

64746141051424988702521399368705 09

37230544773411264135489280684105 91

07716677821238332810262185587751 31

27211793444482014404257450830639 44

73836379390628300897330624138061 45

89414227694747931665717623182472 16

83506780764875734204915576282175 83

97297513447899069658953254894033 56

15613167403276472469212505759116 25

15296545685446334981143176702572 95

66184477548746937846423373723898 19

20662048511894378868224807279352 02

25017965453437572741639107919729 52

9508129429222053477173041844779156

7399173841831171036252439571615271

4669005814700002633010452643547865

9032907332054683388720787354447626

4792529769017091200787418373673508

7713376977683496344252419949951388

3150748775374338494582597655609965

5595431804092017849718468549737069

6212088524377013853757681416632722

4126344239821529416453780004925072

6276515078908507126599703670872669

2764308377229685985169122305037462

7443108529343052730788652839773352

4601746352770320593817912539691562

1063637625882937571373840754406468

9647831007045806134467312715911946

0843593582598778283526653115106504

1623295329047772174083559349723758

5521380483050900096466760883015406

1282430874064559443185341375522016

6305812111033453120745086824339432

1590435944303124312274713858420303

9010607094031523555617276799416002

0393975099897629335325855575624808

9966918298642226775023601932579747

2674257821111973470940235745722227

1212526852384295874273501563660093

1880454933389897415714905441825597
3808087156528143010267046028431681
9230392535297795765862414392701549
7408792731310516361191375770089295
6482332364829826302460797587576774
5377160102490804624301856524161756
6556001608591215345562676021926899
8285537787258314514408265458348440
9478463178777374794653580169960779
4055687011923286080411309046293508
7182712593466871276669487389982459
8527786499569165464029458935064964
3358098247659651651420909867552038
0830920323048734270346828875160407
1546653834619611223013759451579252
6967436425319273900360386082364507
6269882749761872357547676288995075
2114804852527950845033958570838130
4769378813211236742813194879502280
6632017002246033198967197064916374
1175854851878484012054844672588851
4015627250198217190669608126277854
8596481836962141072171421498636191
8774754509650308957099470934337856
9816744658282679119406119560378453
9785583924076127634410576675102430
7559814552786167815949657062559755

0743065210853015979080733437360794
3286675789053348366955548680391343
3720156498834220893399971641479746
9386969054800891930671380571715058
5730714881564992071408675825960287
6056459782423770242469805328056632
7870419267684671162668794634869504
6450742021937394525926266861355294
0624781361206202636498199999498405
1438682852589563422643287076632993
0489172340072547176418868535137233
2667877921738347541480022803392997
3579361524127558295692768372312347
9898944627433045456679006203242051
6396282588443085438307201495672106
4605332385372031432421126074244858
4509458049408182092763914000854042
2023556260218564348994145439950410
9805918179488826280520664410863190
0168856815516922948620301073889718
1007709290590480749092427141018933
5428184299959881696609938369616443
8152887721408526808875748829325873
5809905670755817017949161906114001
9085537448827262009366856044755965
5747648567400817738170330738030547
6973609786543859382187220583902344

4435088674998665060406458743460053

3182743629617786251808189314436325

1205107094690813586440519229512932

4500788333987884293393424351263433

6520438581291283434529730865290978

3300671261798130316794385535726296

9987403595704584522308563900989131

7947594875212639707837594486113945

1960286751210561638976008880092746

1158608002078033415914517970730368

3519697776607637378533301202412011

2046988609209339085365773222392412

4490515327809509558664594776344822

6998607481329730263097502881210351

7723124465095349653693090018637764

0940943498373132513218620802148099

2268550294845466181471555744470966

9530177690434272031892770604717784

5279391604722815343798035396798614

2437095668322149146543801459382927

7393396032754048009552231816667380

3571839327570771420467238386246178

0397629237713120958078936384144792

9802588065522129262093623930637313

4966401866195108115834711733120258

0586672763999276357907806381881306

9156366274125431259589936119647626

1014055635033995231403231138196562

3632719896183725484533370206256346

4223952766943568376761368711962921

8187545760816170530315907288287007

1231366630872275491866139577373054

6065997437810987649802414011242142

7736680827513909593134041558262667

8951084677611866595766016599817808

9414985754976284387856100263796543

1783136340251358141611519020964991

3354873313111502270068193013592959

5971640197196053625033558479980963

4887180391116128135959685654788683

2585643789617315976200241962155289

6297904819822199462269487137462444

7290934564700285376949588595916067

8928249105441251599630078136836749

0209374915732896270028656829344431

3423473512392982591667395034259958

6897069726733258273590312128874666

0451461487850346142827765991608090

3986525757172630818334944418201935

3338507129234577437557934406217871

1330063106003324053991693682603746

1766385657588775802012293663532702

6710068126182517291460820254189288

5935244491070138206211553827793565

2969145765020486432828655579347072

0963480737269214118689546732276775

1335690190153723669036865389161291

6888878764075254934942497334271811

7889275993159671935475898809792452

5262363659036320070854440784544797

3482918020820449266706344204375553

2505052752283377888704080403353192

3407685630109347772125639088640413

1010738178533383160381352808281190

4083256440184205374679299262203769

8718018061122624490909242641985820

8617511771137890516091403815750033

6642415609521632819712233502316742

2600567941281406217219641842705784

3289598028823350598282081966662490

3585778994033315227481777695284368

1630088531769694783690580671064828

0835980466988410981351586549069333

1952239436328792399053481098783027

4500172065433699066117784554364687

7236318444647680691428280045510746

8664539280539940910875493916609573

1619715033166968309929466349142798

7808422572206971488755806374803088

6299511847318712477729191007022758

8893486939456289515802965372150409

6031077612898312635899648934102470
3603664505868728758905140684123812
4247386385427908282733827973326885
5049358743031602747490631295723497
4261122151741715313361862241091386
9500688835898962349276317316478340
0774608866555987333821138299287769
1149549218419208777160606847287467
3681886167507221017261103830671787
8566948129487850489430630861699487
9870316051588410828235127415353851
3365895332948629494495061868514779
1058046960390693726626703865129052
0113781085861618888694795760741358
5534585151768051973334433495230120
3957707396237713160302428872005373
2099825300897761897312981788194467
1731160647231476248457551928732782
8251271824468078242152164695678192
9409823892628494376024885227900362
0219386696482215628093605373178040
8637272684266964219299468192149087
0170753336109479138180406328738759
3848269535583077395761447997270003
4728801827852813895032179863452161
1106660883931405322694490545552786
7894417579202440021450780192099804

4613825478058580484424164047750315
3605490659143007815837243012313751
1562284015838644270890718284816757
5271238467824595343344496220100960
7105137060846180118754312072549133
4994247617115633321408934609156561
5506003173842187015702261031019166
0388706466143889773631878094071152
7528174689576401581047016965247557
7408916445686777171585005832699434
0167720215676772406812836656526412
2982439465133197359199709403275938
5026695574702318132032437164205861
4103360652453693916005064495306016
1267822648942437397166717661231048
9750318857321655549883421218028469
1252908610148552781527762562375045
6375769497734336846015607727035509
6290493924870884062810679436224187
0474700836884267102255830240359984
1645951122485272633632645114017395
2480861946358407837535568856223171
1552094722306543709260679735100056
5549381224575483728545711797393615
7561676416928958052572975223385586
1138832217110736226581621884244317
8857488798109026653793426664216990

9140565364322493013348679881548866

2866505234699723557473842483059042

3677143278792316422403877764330192

6001922847783138376325361210253369

3581262408686669973827597736568222

7907215832478888642369346396164363

3087301398142114303060087306661648

0367898409133592629340230432497492

6887831643602681011309570716141912

8306865773235326396536773903176613

6131596555358499939860056515592193

6759977717933019744688148371103206

5036931928945214026509154651843099

3655349333718342529843367991593941

7466223900389527673813330617747629

5749438687169784537672194935065908

7571191772087547710718993796089477

4512654757501871194870738736785890

2006173733210756933022163206284320

6567119209695058576117396163232621

7708945426214609858410237813215817

7276022227381334954104810030732751

0779994899197796388353073444345753

2975914263768405442264784216063122

7696469671564739990437159033239065

6072664411643860540483884716191210

9008701019130726071044114143241976

7968285478855247794764818029597360
4943970047959604029274629920357209
9761950140348315380947714601056333
4469988208221205872815107291829712
1191787642488035467231691654185225
6729234429187128163232596965413548
5895771332083399112887759172261152
7337901034136208561457799239877832
5083550730199818459025958355989260
5532996737704917224549353296833000
0223018151722657578752405883224908
5821280089747909326100762578770428
6560069961762121768454789964407050
6624171021332748679623743022915535
8200780141165348065647488230615003
3920689837947662550365498228053296
6286211793062843017049240230198571
9978948836897183043805182174419147
6604297524372516834354112170386313
7941142209529588579806015293875275
3799030938871683572095760715221900
2793792927863036372687658226812419
9338480816602160372215471014300737
7537792699069587121289288019052031
6012858618254944133538207848834653
1163265040764242839087012101519423
1961652268422003711230464300673442

0647477180213530701240988603533991

5266792387110170622186588357378121

0935179775604425634694999787251125

4408545222748109148743072598696020

4027594117894258128188215995235965

8979181144077653354321757595255536

1581280011638467203193465072968079

9079396371496177431211940202129757

3125165253768017359101557338153772

0019524445436200718484756634154074

4232862106099761324348754884743453

9665981338717466093020535070271952

9839432714253711557666000257844230

3107342955153394506048622276496668

7624079324353192992639253731076892

1353525723210808898193391686682789

4828117047262450194840970097576092

0983724090074717973340788141825195

8425980962417476101382526439551352

5931188504563626418830033853965243

5997416931322894719878308427600401

3680747039040972384739458348961865

3979059411859931035616843686921948

5382055780395773881360679549900085

1232594425297244866667668346414021

8991594456530942344065066785194841

7766779470472041958822043295380326

3105374948831221803912796784461001

3972675389219511911783658766252808

3690053249004597410947068772912328

2143046353372835199536482743258331

1914445901780960778288358373011185

7543659958982724531925310588115026

3075425714939430244539318701799236

0816661130542625399583389794297160

2070338767815033010280120095997252

2222808014235710947603519255444349

2998676781789104555906301595380976

1875920358937341978962358931125983

9025983102671933041892151096891562

2506965911982832345550305908173073

5195503721665870288053992138576037

0353771051780212801295668419841403

6287272562321442875430221090947272

1073474134975514190737043318276626

1772759968888260272252471336833534

5281669277959132886138176634985772

8936900965749562287103024362590772

4122190943008717556926257580657099

1201665962243608024287002454736203

6394841255954881727272473653467783

6472019183039987176270375157246499

2228946793232269361917764161461879

5613956699567783068290316589699430

7673335082349907906241002025061340
5734430069574547468217569044165154
0636584680463692621274211075399042
1887161276177870142588648257752238
8918459952337629237791558574454947
7361295525952226578636462118377598
4737003479714082069941455807190802
1359073226923310083175951065901912
1294795408603640757358750205890208
7045796700070552625058114206639074
5921527330940682364944159089100922
0296680523325266198911311842016291
6310768940847235643668081821686572
1968826835840278550078280404345371
0183651096951782335743030504852653
7380735310741859177056103973950626
4035544227515610110726177937063472
3804990666922161971194259120445084
6417463835899382399465173955090008
5947999013602667426149429006646711
5067175422177038774507673563742154
7829059110126191575558702389570014
0511782264698994491790830179547587
6760168094100135837613578591356924
4556477644641786671153919513576961
0486492249008344671548638305447791
4330097680486878348184672733758436

8927243104474068076852786255851650
9208826381323362314873333671476452
0450876627614950389949504809560460
9896043291233583488599902945264002
8499428087862403981181488476730121
6754161106629995553668193123287425
7020637383520200868636913117334697
3174121915363324674532563087134730
2792174956227014687325867891734558
3799643513588009593508775563562488
1049385299900767513551352779241242
9277488565888566513247302514710210
5753525165118148509027504768455182
5209633189906852761443513821366215
2368890578786699432288816028377482
0355060160298940091197138501798716
8363374413927597364401700701476370
6655703504338121113576415018451821
4136198234951596010647527125759351
8530433287553778305750956742544268
4712219618709178560783936144511383
3356491032564057338986671781239722
3751931643061701385953947436784339
2670986712452211189690840236327411
4966012434830989299417380305884171
6661307304006758838043211155537944
0605497721705942821514886165672771

2409033877277456290971101348851843
7411869565544974573684521806698291
1045058004299887953899027804383596
2824094218605562877884288021275538
8480372864001944161425749990427200
9595204654170598104989967504511936
47117277722204361026140797508096869
7517660023718774834801612031023468
0567112644766123747627852190241202
5699435347162266608936752198331118
1351114650385489502512065577263614
5473604426859498074396932331297127
3771573470997139522911826534851555
8713733662912024271430250376326950
1350911612952993785864681307226486
0082708813335381937036825988678933
2123832705329762585738279009782646
0545598555131836688844628265133798
4916678394097613537662517982582496
6345877195012438404035914084920973
3754642474488176184070023569580177
4101776969250778148933866725578985
6458985105689196092439884156928069
6983352240225634570497312245269354
1938370048431833571965166267215755
2419340193309901831930919658292096
9656247667683659647019595754739345

51433741370876151732367720422738567
74279170698204549953095918872434933
95240944416789988463198455048523933
66297207977745281439941825678945777
95712552426826089940863317371538899
62628896294021121088844273765686244
52761213037101730078513571540453300
41507959447776143597437803742436644
69732471384104921243141389035790922
41603640631403814983148190525172099
37103964026808994832572297954564044
27017577229041732347960736187878899
91331830584306939482596131871381644
23467218730845133877219086975104944
28437693250249816566738162606159411
76825250999374167288395174406693255
49653403101452225316189009235376488
63784828813442098700480962271712266
40748957193900291857330746010436077
29190945767994614929290427981687722
94264877299528584346477753869069500
14898413392454039414468026362540211
18614317031251117577642829914644533
34089209769616990983726523617687455
60589470496817013697490952307208266
82887890730190018253425805343421700
59287139317379931424108526473909488

2845964180936141384758311361305761

0846236683723769591349261582451622

1552134879244145041756848064120636

5201703863301295327776990231186480

2006755690568229501635493199230591

4246396217025329747573114094220180

1993680350264956369558664259067626

8568737211033915679383989576556519

3177883000241613539562437777840801

7488193730950206999008908993280883

9743036773659552489130015663329407

7907139615464534088791510300651321

9344866732482759079468078798194250

1958262232039513125201410996053126

0696555404248670549986786923021746

9890095478507256729787947698888310

9348746442640071818316033165551153

4276155622405474473378049246214952

1332585276988473362691826491743389

8782478927846891882805466998230368

9939783413747587025805716349413568

4339293960681920617733317917382085

6243643363535986349449689078106401

9674074436583667071586924521182997

8938040771375012908586465789057714

2683358276897855471768718442772612

0509266486102051535642840632368481

8072879407171279668200607275595559
0404023317874944734645476062818954
1512139162918444297651066947969354
0168660100551960776873353965116149
3093757096855455938151378956903925
1014953265628147011998326992200066
3928753747131352364215892651262040
7288771657835840521964605410543544
3642166562244565042999010256586927
2791427529311720827939377513261060
5288123537345106837293989358087124
3869385934389175713376300720319760
8166044646839377258069092372975234
8670291691042636926209019960520412
1024077648190316014085863558427609
5370865581642739953493465463145040
4019952853725200495780525465625115
4109252437991326262713609099402902
2620628367521323050651839340574501
1209934146491843332364656937172591
4489324159006242020612885732926133
5968087265000456282845575745965921
2053034131011182750130696150983551
5632004310784601906565493806542525
2291619918199596027523277022498557
3882489988270746593635576858256051
8068964285376850772012220347920993

9361792682065901421656159253067379
4456894907085326356819683186177226
8249911472615732035807646298116244
0133167378927886892290325933498617
9702199498192573961767307583441709
8559222170171825712777534491508205
2784309046194608352174020058386728
4970941102326695392144546106621500
6410674740207009189911951376466904
4812672536915371622907913854039375
6007783515337416774794210038400230
8951850994548779039346122220865060
1605003517762648316111533255877050
7354127924990985937347378708119425
3055121436979749914951860535920403
8302357163527276308746932196221900
6426088618367610334600225547747781
3641012691906569686495012688376296
9072339612762872230411418136100602
6404403003599698891994582739762411
4613744804059697062576764723766065
5416185746905272292382282751867991
5698339074767114610302277660602006
1246876477728819096791613354019881
4027579921741676787992316039635694
9285151363364721954061117176738737
2555728522940054361785176502307544

6938693078734991103521825329297260
4455321079788771144989887091151123
7250604238753734841257086064069052
0584521227545338480082053024504565
1766951857691320004281675805492481
1780519832646032445792829730129105
3183856368212062155312886685649565
1261389226136706409395333457052698
6959692350353094224543865278677673
0275404027022463844835532399147513
6344104405009233036127149608135549
0531539021002299595756583705381261
9656831442860579566966221547216956
2087001372776853696084070483332513
2793112232507148630206951245395003
7357233468070946564830892098015348
7870563349109236605755405086411152
1441481434630437273271045027768661
9531078583233348578402971609252153
2609255893265560067212435946425506
5996771770388445396181632879614460
8177892721718369088801267782074301
0642252463480745430047649288555340
9062185153654355474125476152769772
6677697727770583158014121856880117
0502836527554321480348800444297999
8062157904564161957212784508928489

8064264974270905791290692178072987
6947797511244730599140605062994689
4280931034216416629935614828130998
8707452927160484336308184041264696
3792584309418544221635908457614607
8558562473814931427078266215185541
6038702068769804617474008083243436
6538235455510944949843109349475994
4672673665352517662706772194183191
9771963780157021699336750837600571
6345464367177672338758864340564487
1566964321041282595645349841388412
8904206820470076155969168430389993
4836679354254921032811336318472259
2305554383058206941675629992013373
1754891220372303490726810685344540
3599356182357631283776764063101312
5335212141994611869350833176587852
0471123643312267651299641713252175
1355326186768194233879036546890800
1827135283584888444111761234101179
9187092365071848578562210211040097
7699445312179502247957806950653296
5940383987369907240797679040826794
0076187295478359634927939045769736
6164340535979221928587057495748169
6694062334272619733518136626063735

9825755524965098072601236682836059
2834185584802695841377255897088378
9942910549800331113884603401939166
1221866960584915714857335682861495
0001909759112521880039641976216355
9375743718011480559442298730418196
8080856472657135476128316292004498
8031540210553059707666636274932830
8916880932359290081787411985738317
1926167288349184024297212904349655
2694272640255964146352591434840067
5867690350382320572934132981593533
0444464968294413673234421583807616
9483121933311981906109614295220153
6170298575105594326461468505452684
9757648078080092213358113781977492
7176854507553832876887447459159373
1162470601091244609829424841287520
2244625944776387494919978404468292
5736096853454984326653686284448936
5704111817793806441616531223600214
9187687694673984075171763075168498
5635920148689294310594020245796962
29245666644881967576294349535326382
1716133957577907663707645695702597
3880043841580589433613710655185998
7600754924187211714889295221737721

14608115434498266547987258005667 47

2405112200738345927157572771521858

9946948117940644466399432370044291

1407472181802248258377360173466853

0074498556471542003612359339731291

4458591522887408719508708632218837

2882628228846318437172619033057771

4765156414382230679184738603914768

3108141358275755853643597721650028

2778037134228696887873497950960311

0889919614338666406845069742078770

0280509367203387232629637856038653

2164323488155575570184690890746478

7912243637555666867806761054495501

7260791142930831285761254481944449

4732448190937953690082063846316782

2506480953181040657025432760438570

3505922818919878065865412184299217

2737209551032422510797180778330426

0908679427342895573555925272380551

1440438001239041687716445180226491

6816419274011064516224311017000566

9112173318942340054795968466980429

8017362570406733282129962153684881

4041021944634246462207455756439604

5298531307140908460849965376780379

3201899140865814662175319337665970

11433060862500982956691763884605675
62972931464911493704624469351984035
95344491351411936679333019366176635
65255514917498230798707228086085965
26112660504289296966535652516688885
55721122768027727437089173896397725
25756489053340103885593112567999155
16589025016486961427207005916056165
61597024519890518329692789355503035
93468121976158218398048396056252305
91462638447386296039848924386187295
85077759287927220685548072104978175
65328621018747676689724884113956035
49480376727036316921007350834073865
52616845074824964485974281349364805
37242611670426687083192504099761535
19076855770327421785010006441984125
42073964001396036015838105659284135
68457411910273642027416372348821455
24101347716529603128408658419787955
11165115298278146203791398550063995
96032659124852530849369031313010075
99977191362230866011099929142871245
93885416120380204113401888872196935
47790449752745428807280350930582875
54420755134816660927879353566521255
56201399882496284787262144323628535

6765025914504683776352825876521391
5648097214192967554938437558260025
3168536356731379262475878049445944
1834291727569883762262618463654527
4349766241113845130548144983631178
9784489732076719508784158618879692
9558197332506999514026015116755297
5057543781024223895792578656212843
2731202200716730574069286869363930
1867659582513264991459502609170693
4751940897535746401683081179884645
2473618956056479426358070562563281
1892696630264795359510971276591362
3318086692153578860781275991053717
1402204506186075374866306350591483
9164676567232057145168861707909846
9593223672494673758309960704258922
0481550799132752088583781117685214
2693347869218952406226579210436203
4885292626798401395321645879115157
9050460579710838983371864038024417
5113472264725470107947939969535546
6961972676325522991465493349966323
4185951450360980344092212206712567
6987234279407088570704742931733291
8852389672197135392449242617864118
8637790962814486917869468177591717

1506691114800207594320120619696377
9510322708902956608556222545260261
0460736131368869009281721068198618
5537809820184711541636303262656992
8342415502360097804641710852553761
2728905335045506135684143775854429
6779770146602943876872251153638011
9175815402812081825560648541078793
3598921064427244898618961629413418
0012951306836386092941000831366733
7215300835269623573717533073865333
8204842190308186449184093723944033
4052449095545580164064607615810103
0176748847501766190869294609876920
1691202181688291040870709560951470
4169211470274133900522533408348128
7035303102391969997859741390859360
5433599697075604460134242453682496
0987725813110247327985620721265724
9900346829388687230489556225320446
3602639854225258416464324271611419
8178024825955635449072192265838636
6266375083594431487763515614571074
5528016159677048442714194435183275
6984075526779264112617652506159652
3545718795667317091331935876162825
5920783080185206890151504713340386

1003100559148178521103847545429333
8918844412051794396997019411269511
9526564919594189975418393234647424
2907027188752235343936736336632003
0723274703740712398256202466265197
4090199762452056198557625760008708
1730832883443818310700545144935458
8542267857855191537229237955549433
3410174420169600090696415612732297
7702212179518683763590822551288164
7002199234886404395915301846400471
4321186360622527011541122283802778
5389110984902013427410141215597699
6543887719748537643115822983853312
3071751132961904559007938064276695
8190148426279912217929479873489018
6847167650382732855205908298452980
6259250352128451925927986593506132
9619467962523739725655841578537445
6755899803240549218696288849033256
0851455344391660226257775512916200
7727968526293879375304541810807292
8589198971538179734349618723292761
4747850192611450413274873242970583
4084711123337462746172746265824153
2427105932250625530231473875925172
4787322881491455915605036334575424

2337791603749525024930223514819613

8116256391141561032684495807250827

3431765944054098269765269344579863

4797097431244982719331138638731596

3636121862349726140955607992062831

6999420072054811525353393946076850

0199098865538614334957816500899616

4907967814290114838764568217491407

5623767618453775144031475411206760

1607264605568592577993220703373333

9891636950434669069482843662998003

7414527627716547623825546170883189

8108688068478537055364804693509588

1802536052974079353867651119507937

3282083146268960071075175520614433

7841145499501364324463281933463890

5093654571450690086448344018042836

3390513578157273973334537284263372

1740657757710798305175557210367959

7690188995849413019599957301790124

0193908681356585539661941371794487

6320798688003716073032205474235722

6689680188212342439188598416897227

7652194032493227314793669234004848

9760590379580946960417542796137825

5378122394764614783292697654516229

0281701100437846038756544151739433

9600489153188175766505009516974024

1564477129365661425394936888423051

7400129920556854289853897942669956

7770270891465137368922061044154816

6215680421983847673087178759027920

9175900695273456682026513373111518

0001814341209626016586298210766635

2336177400783778342370915264406305

4071807843358061072961105550020415

1316963730468492133568372654003075

0982908936461204789111475303704989

3952833457824082817386441322710002

9683119402033234564208264732762338

3029463937899837583655455991934086

6235090967961134004867027123176526

6637107787251118603540375544874186

9351973365662177235922939677646325

1562023487570113795712096237723431

3702120310049651521119760131764194

0820343734851285260291333491512508

3119802850177855710725373149139215

7091051309650598859999315608636554

7740355189816673353588004821466509

9741433761182777723351910741217572

8415925808725913150746060256349037

7726337391446137703802131834744730

1113032670296917335047701632106616

2278300272692833655840117914194478

0874825336071440329625228577500980

8599609040936312635621328162071453

4061042241120830100085872642521122

6248014264751942618432585338675387

4054743491072710049754281159466017

1361225904401589916002298278017960

3519408004651353475269877760952783

9984368086908989197839693532179980

1391354425527179102253970108106321

4304851137829149851138196914304349

7500189980681644412123273328307192

8243624067331965546926778511931527

7511344646890550424811336143498460

4849051258345683266441528489713972

3760403282126602535166939140820499

4732048602162775979177123475109750

2403078935759937715095021751693555

8270725339118923340702238320775858

0213717477837877839101523413209848

9423459613692340497998279304144463

1627072147961174569757196812392919

1374098292580556195520743424329598

2898980529233366415419256367380689

4942014712413405250722040617943552

5255522500874879008656831454283516

7750542294803274783044056438581591

9526667582829297052261276287110401

3480178722480178968405240792436058

2742467443076721645270313451354167

6496689012747868010102951338626986

4974821211862904033769156857624069

9296372493097201628707200189835423

6903641492702369619385473724803298

5504511208919287982987446786412915

9417531675602533435310626745254507

1141814832398806072971402347255207

1349079839898235526872395090936566

7878992383712578976248755990443228

8953883773173489411227570714109597

9004791930104674075041143538178246

4630795989555638991884773781341347

0702467473621120489862269918885174

5625173251934135203811586335012391

3054441910073628447567514161050410

9735058527620444891909789019843154

8528053398577784431393388399431044

4465669244550885946314081751220331

3906815965925105468580131338381521

7641821043342978882611963044311138

8796258746090226130900849975430395

7712432306169062629194039214397402

7089477766370248815549932245882597

9020631257436910946393252806241642

4768684954553249380176393716156368

4785982371590238542126584061536722

8607131702674740131145261063765383

3903159219434698176053583803106128

8785205154693363924108846763200956

7089718367490578163085158138161966

8822220475704375906143380407258538

6208356517699842677452319582418268

3698270160237414938363496629351576

8540613973427464708996856181701605

5110488097155485911861718966802597

3541705423985135560018720335079060

9464212711439931960465274240508822

2535977348151913543857125325854049

3946010865793798058620143366078825

2197178090258173708709164604527279

7715350991034073642502038638671822

0522879694458387652947951048660717

3902293274554267856697768659399234

1683412227466301506215532050265534

1460995249356050854921756549134830

9589065361756938176374736441833789

7422970070354520666317092960759198

9627732423090252397443861014263098

6877339138825186843165010279649114

9773758288891345034114886594867021

5492101084328080783428089417298008

9832975369406449699031253998639195

8160146899522088066228540841486427

4786281975546629278814621607171381

8801808405720847158689068369193933

8186427845453795671927239797236465

1667592011057995663962598535512763

5587681402134098290162968734298507

9247184605687482833138125916196247

6156902875901072733103299140623864

6083333786382579263023915900035576

0903247728133888733917809696660146

9615031754226751125993315529674213

3363002229649064809345820081810618

0210022766458040027821333675857301

9011371754672763059044353131319036

0924890972464279284555499134900051

8029570708291905255678188991389962

5138662319380053611346224294610248

9540724048571232566288889317221164

3294781619055486805494344103409068

0716088028227959686950133643814268

2521704728708630101373011552368614

1690837567574763723976318575703810

9443390564564468524183028148107998

3769185121272019350440418046047216

2693944578837709010597469321972055

8114078775989772072009689382249303

2368305158626572811146379969831375
1793762321511125234973430524062210
5244234353732905655163406669506165
8928782187077567941760807129737813
3518711793165003315552382248773065
3444179453415395202424449703410120
8740721881093882681675120422994049
4817944947273289477011157413944122
8455521828424922240658752689172272
7806071167540469730080370396187877
9669488255561467438439257011582954
6661358678671897661297311267200072
9715536130275035561678177654422874
4211472988161480270524380681765357
3275578602505847084013208837932816
0087690813004924914736825170353822
1961903901499952349538710599735114
3478292339499187936608692301375596
3685323738067035911442432685615121
0940425958263930167801712866923928
3231057658851714020211196957064799
8140315056330451415644146231637638
0990440281625691757648914256971416
3598439317433270237812336938043012
8926263753826677950341693343236075
0024817574180875038847509493945489
6209740485442635637164995949920980

8842947903636662975260032438563529

4584472894454716620929749549661687

7414120882130477022816116456044007

2363515811497297392189667373826472

0472264222124201656015028497130633

2795814302516013694825567014780935

7908896571349261581613469018069650

8955631012121849180584792272069187

1696316330044858020102860657858591

2699746376617414639341595695395542

0331462802651895116793807457331575

9846086173702687867602943677780500

2446733913324316698803540732323882

8184750105164133118953703648842269

0270478052742490603492082954755054

0034571601840725745369381455311753

5421072655783561549987444748042732

3457880061873149341566046352979779

4550753593047956872093167245365472

0838168585560604380197703076424608

3489876101345709394877002946175792

0619525492557571090385251714885252

6567104534981341980339064152987634

3695420256080277614421914318921393

9088345431317696851018401038444723

4894886952098194353190650655535461

7335814045544837884752526253949665

8699920584176527801253410338964698

1864243003414679138061902805960785

4888010789705516946215228773090104

4674624979799926271209516847795684

8258334140226647721084336243759374

1610536734041954738964197895425335

0363018614009515347669614762556518

7382329246854735693580289601153679

1787303553159378363082248615177770

5415775765617593585120166929431111

3886358215966761883032610416465171

4846979385422621687161400122378213

7797741312689772667129920259220174

0877007695628347393220108815935628

6281928563571893384958850603853158

1797606794798408783609759601497334

2057270460352179060564760328556927

6273495182203236144112584182426247

7120120357763888959743182328278713

1460805353357449429762179678903456

8169889553518504478325616380709476

9516990862471000197488092050095219

4363237871976487033922381154036347

5488626845956159755193765410115014

0670012269274743938885899438597302

4541480106123590803627458528849356

3251585384383242493252666087588908

3187007091002373771065769850564339
2885433765834259675065371500533351
4489908293887737352051459333049626
5314151413861244379358850709446880
4548697535817021290849078734780681
4366323322819415827345671356443171
5379678180581958524648400840329099
8194378171817730231700398973305049
5387356116261023999433259780126893
4326055847102787649010709234438846
3401173555686590358524491937018104
1626208504299258697435817098133894
0459344719374938776242324098528327
6226660494238512970945324558625210
3600829286649724174919141988966129
5580767709795947953060131191590117
7394310420904907942444886851308684
4493705909026006120649425744710353
5476578592427081304106185462198818
3009063458818703875585627491158737
5421064667951346487586771543838018
5213482819158124625993351601989355
9516796893285220582479942103451271
5877163345222995418839680448835529
7533612868372259353900792016669413
3909116875880398882886921600237325
7361588207163516271332810518187602

1048521806755266486739089009071951
3805862673512431221569163790227732
8705410842037841525683288718046987
9525130732663402785190594173389203
5854039567703561132935448258562828
7610610698229721420961993509331312
1711878910787668720445488760894101
7479864713788246215395593333327556
2009439580434537919782280590395959
9274369137937786649409640487778417
4833643268402628293240626008190808
1804390914556351936856063045089142
2896452199877988493474777291327972
6602765840166789013649050874114212
6861969862044126965282981087045479
8615595453380212011556469799767857
3892018624359932677768945406050821
8838227909833627167124490026761178
4982643770330020818445900097172352
0433199470824209877151444975101705
5643029542821819670009202515615844
1742059336581481349026931115170938
7226002645863056132560579256092733
2265579346280805683443921373688405
6504343073965740610177793701414246
1549307074136080544210029560009566
3588977899267630517718781943706761

4982175641865901161608654086353915

1303920131680576903417259645369235

0806417446562351523929050409479953

1840748621512105618338545661766526

0639371365880252166622357613220194

1701372664966073252010771947931265

2827633024138051649071745659648537

4835466919452358031530196916048099

4606814904037819829732360930087135

7607986214254220964190043679054790

4993007837242158195453541837112936

8658430553842717628035279128821129

3083515756565999447417884383815651

4843422985870424559243469329523282

1803508333726283791830216591836181

5542171574484657784201343299825945

6688455826617197901218084948033244

8787258183774805522268151011371745

3684178702802744524429054745182346

7491956418855124442133778352142386

5979925988203287085109338386829906

5719946149062902574276860388505110

3263854454041918495886653854504057

1323629681069146814847869659166861

8427567984600418687622980555629630

4595322792305161672159196867584952

3635298935788507746081537321454642

9847923105116763577494946229525694

9766035947396243099534331040499420

9677883827002714478494069037073249

1064441516960532565605867787574174

7211082743577431519406075798356362

9143326397812218946287447798119807

2256467146640548501310096567863148

8009030374933887536418316513498254

6694673316118123364854397649325026

1795493572043054021829748712511074

0401161140589991109306249231281311

6340549262571356721818628932786138

8337180285350565035919527414008695

1092616754147679266803210923746708

7213606278332922386413619594121339

2780361182763241060047409711110481

4000362334271451448333464167546635

4699731494756643423659493496845884

5515241507563766050866328274247941

3606287604129064491382851945640264

3153225858624043141838669590633245

0630003922131926476259626915109044

5769530144405461803785750303668621

2462278639752746667870121003392984

8733750144756003221006223580293437

7495503203701273846816306102657030

0872275462966796880890587127676361

0662257223522297392064430935243272

2810085997309513252863060110549791

5644791845004618046762408928925680

9129305929606423570210615246462050

2324896659398732493396737695202399

1760898474571843531936646529125848

0644801965201628387951894993367592

4148562613699594530728725453246329

1529110128763770605570609531377527

7518679232921349552451330898679691

6512907384130216757323863757582008

0363575728002754490327953079900799

4425411087256931880146679355958346

7643286887696661009739574996783659

3397846346959948950610490383647409

5046952260638580467580730699122904

7408987916687211714752764471160440

1952718169508289733537148530928937

0463844208932997711258568408466083

3993404568902678751600877546126798

8015465856522061210953490796707365

5397025761994313766399606060611064

0695933082817187642604357342536175

6943784848495250108266488395159700

4905983808121052211110919433239511

3605144645983421079905808209371646

4523127704023160072138543723461267

2609978703856570919985075956346132

4846018840985019428768790226873455

6500519121546544063829253851276317

6639220509383452043007730170299403

6261543400132276391091298832786392

0412300445551684054889809080779174

6360924393349126411642400938807463

5660726233669584276458369826873481

5881961058571835767462009650526065

9292635482914990457683072108932458

5707370166071739819448502884260396

3660746031184786225831056580870870

3055675958613417007454029656876347

7417643105175103673286924555858208

2372038601781739405175130437994868

8223200443780431031709210342616749

9800007301609481458637448877852227

3076330495383944345382770608760763

5420984450083062476302535727810327

8346176697054428715531534001649707

6657195985041748199087201490875686

0377835919947193433527729472855379

2578768483230110185936580071729118

6967617655053775030293033830706448

9128114120255061508964110076238245

7448865518258105814034532012475472

3269087547507078577659732542844459

3530449920700145387489482265564422

2369636554419422544133821222547749

7535494624827680533336983284156138

6923634433585538684711114304982483

9899180316545863828935379913053522

2833430137953372954016257623228081

1384994918761441413229337671065634

9252881452823950620902235787668465

0116660097382753660405446941653422

2390521083145858470355293522199282

7276057482126606529138553034554974

4551470344939486863429459658431024

1907859236802245607639367841662705

1855517870290407355730462063969245

3307795782245949710420188043000183

8814290081730394505073427870131244

6686009277858181104091151172937487

3627887874907465285565434748886831

0641100510230208751077689187815256

2273525155037953244485778727761700

1964853703555167655209119339343762

8662846198440262952521836785223674

7510880978150709897841308624588152

2660963551401874495836926917799047

1207264949057372642860052114035812

3107600669951853612486274675637589

6225299116496066876508261734178484

789337295056739007878617925351 4406

8261087453188748031874308235736991

9515634095716270099244492974910548

9851519658664740148225106335367949

7371425102293418825851173719944991

1509758374613010550506419772153192

9354875371191630262030328588658528

4801935092258757755974252765840117

2134232364808402714335636754204637

51825552524944329657043861387865901

9657388028684018940876728167141370

3366173265012057865391578070308871

4261519075001492576112927675193096

7284539711602136063030905422439663

2067432358279788933232440577919927

8484633339777737655901870574806828

6783479656241461028995084873996929

7075043275302997287229732793444298

8646412725348160603779707298299173

0292963086958019963124133049393504

9332541235507105446118259114111645

4534710329881047844067780138077131

4654000993863064812666143308582068

1139583831916954555825942689576984

1428893743467084107946318932539106

9639557807060212459748982935646135

6078898347241997947856436204209461

3412387613198865352358312996862268

9486084084566556068769545012744866

3140505473535174687300980632278046

8912246821460806727627708402402266

1554850240089528916571176174390203

3758487784291128962324705919187469

1042005848326140677333751027195653

9946971625172483122306339193287079

8380074848572651612343493327335666

4473358556430235280883924348278760

8861649432893991663992104883078477

7704804572849145630335326507002958

8906265915498509407972767567129795

0100982294762289618915914415200322

8387877348513097908101912926722710

3778898053964156362364169154985768

4083984688616843754070651210390625

0612810766379904790887967477806973

8473170475253442156390387201238806

3236880370179493089549007763315230

6354837425681665336160664198003018

8287123767481898330246836371488309

2592833759022789425880600872860388

5916884973069394802051122176635913

8251524278670094406942355120201568

3777788518246700256517085092496237

4772681369428435006293881442998790

5301056217375459182679973217735029

3689280652100253962688074980926434

4788511320686266275887714460359966
5610843072569650056306448918759946
6596772847171539573612108180841547
2731426617489331341746326623542220
7260014601270120693463952056444554
3291662986660783089068118790090815
2950636267820756143888157813511346
9536630387841209234694286873083932
0432333872775496805210302821544324
7233888452153437272501285897476914
6080831440412586818154004918777228
7869801853454537006526655649170915
4295227567092222174741120627206566
2298980603289167206874365494824610
8697367225547404812889242471854323
6057534116728507575520571311566979
5458488739874222813588798584078313
5060548290551482785294891121905383
1956242287194847594078593980479010
9419407067176443903273071213588738
5049993638838205501683402777496070
2768448802819122206368886368110435
6952930065219552826152699127163727
7388418993287130563464688227398288
7631986457098363089177864870866761
8548568004767255267541474285102814
5807403152992197814557756843681110

1853174981670164266478840902626828
2444825802753209454991510451851771
6546311804904567985713257528117913
6562781581112888165622858760308759
7496384943527567661216895926148503
0785362045274507752950631012480341
8045840594329260798544356200937080
9182152392037179067812199228049606
9738238743312626730306795943960954
9571895772179155973005886936468455
7667609245090608820221223571925453
6715191834872587423919410890444115
9599327600445065562064611646556654
8759424736925233695599303035509581
7626176231849561906494839673002037
7638743693439998294302091470736189
4793269276244518656023955905370512
8978163455423320114975994896278424
3274837880327014186769526211809750
0640514975588965029300486760520801
0491537885413909424531691719987628
9412772211294645682948602814931815
6024967788794981377721622935943781
1004448060797672429276249510784153
4464291508427645200020427694706980
4177583220909702029165734725158290
4630910359037842977572651720877244

7409522671663060054697163879431711
9687348468873818665675127929857501
6363411314627530499019135646823804
3299706957701507893377286580357127
90913767420805655493624646

Printed in Great Britain
by Amazon

58558187R00067